编织尚典
时尚个性天然麻线包

日本美创出版 编著　何凝一 译

U0272734

Linen Ramie Hemp Jute Natural bag

河北科学技术出版社

目录
Contents

・作品尺寸中的数字均表示长度单位cm。

φ = 直径　　☆ = 侧边（宽）

1
方形休闲手提包A
P8 · 10

2
方形休闲手提包B
P9 · 50

3
圆形休闲手提包A
P12 · 14

4
圆形休闲手提包B
P13 · 14

5
折叠手提包A
P16 · 18

6
折叠手提包B
P17 · 52

7
扁平手提包A
P20 · 22

8
扁平手提包B
P21 · 23

9
花朵休闲手提包A
P24・26
41.5
20
28

10
花朵休闲手提包B
P25・49
41.5
20
28

11
迷你休闲手提包A
P28・59
21.5
26

12
迷你休闲手提包B
P29・30
19
26

13
风琴式手提包A
P32・34
18
18　☆ = 18

14
风琴式手提包B
P33・54
24
φ 24

15
木质提手手提包
P36・38
19.5
37

16
竹藤提手手提包
P37・39
19.5
37

17
口金手提包A
P40・42
17.5
21

18
口金手提包B
P41・56
18
16

19
皮革提手手提包A
P44・46
25
22.5
φ 17

20
皮革提手手提包B
P45・58
25
22.5
φ 17

重点教程

1 方形休闲手提包 A

图片…P8　制作方法…P10

※此作品中拉针的记号图分为正、反两种，不论是看着织片的正面或反面，
　都是织入正拉针。

ʃ=中长针的正拉针（P11记号图中的 ʃ =中长针的反拉针）

第2行

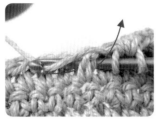

引拔抽出的针脚

1　针上挂线，按照箭头所示将上一行的针脚成束挑起。

2　再在针上挂线，按照箭头所示引拔抽出。

3　再次在针上挂线，一次性引拔抽出。

4　中长针的正拉针钩织完成后如图（反面）。从正面看，织入的是中长针的反拉针。

ʃ=长针的正拉针

第3行　　　　第4行

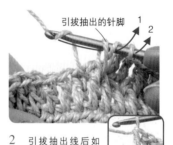

引拔抽出的针脚

织片翻到正面，织入长针。

1　针上挂线，按照箭头所示，将上一行的针脚成束挑起，引拔抽出线。

2　引拔抽出线后如图。针上挂线，引拔穿过针上3个线圈中的2个（1）。再次挂线，然后按照同样的方法引拔穿过剩余的2个线圈（2）。长针的正拉针钩织完成后如图a。

3　参照记号图继续钩织，织入长针与长针的正拉针。第4行钩织完成后如第4行所示（正面）。

ʃ=长针的正拉针　（P11记号图中 ʃ =长针的反拉针）

第5行

1　在上一行长针的正拉针（从正面看是反拉针）中织入"长针"，在长针中织入"长针的正拉针"。

2　第5行钩织完成后如图（反面）。

3　第5行钩织完成后如图（正面）。

4　重复钩织第4行、第5行，钩织出华夫饼式的织片（正面）。

5　折叠手提包 A

图片…P16　制作方法…P18

＊替换编织线的颜色、种类，参照教程介绍。

底面A、B的拼接方法

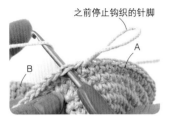

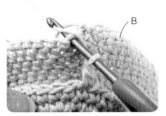

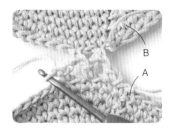

1　钩织底面A、B（2块通用），然后剪断B的线头，A暂时停下钩织，然后将2块织片的反面对齐，再在A处接入新线。

2　钩织1针立起的锁针，再织入1针短针。接着钩织完1针锁针，将钩针插入B中，织入短针。

3　在B中钩织完短针后如图。接着钩织1针锁针，然后将A中箭头所示位置挑起，织入1针短针。

4　留出开口处（17针），重复钩织"1针短针、1针锁针"，拼接。

14　风琴式手提包 B

图片…P33　制作方法…P54

侧面挑针的方法

✕ = 长针的十字针

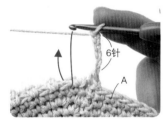

1　钩针插入之前底面A暂时停下的针脚中，接着织入1针锁针、"短针1针、锁针6针"。接着往前移2针，插入钩针，重复钩织"短针1针、锁针6针"中的针脚。

2　每周挑40个线圈，参照记号图，继续钩织。

1　在针上挂2次线，然后按照箭头所示插入钩针，接着再次挂线，引拔抽出。

2　针上挂线，按照箭头所示引拔穿过针上的2个线圈。

3　针上挂线，跳过针，按照箭头所示插入钩针，挂线后引拔抽出。

4　针上挂线，按照箭头所示引拔穿过针上的2个线圈。

5　按照步骤4的方法，再在针上挂线，每次引拔穿过2个线圈，共计3次。引拔钩织完3次后如图所示。

6　织入1针锁针，将钩针插入箭头位置的2根线中，织入长针。长针的十字针钩织完成后如图a所示。

17 口金手提包 A

图片…P40　制作方法…P42

图片…P40　制作方法…P42

* 替换编织线的颜色，参照教程介绍。

配色线的替换方法

※A=A色的编织线，B=B色的编织线
用A起针，接着用B钩织1行，再将起针A拉起，看着反面钩织1行。然后"拉起B，看着反面钩织1行，再拉起A看着正面钩织1行。接着拉起B，看着正面钩织1行，拉起A看着反面钩织1行。"之后按此顺序重复钩织。

第1行　看着正面用B色的编织线钩织

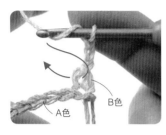

1　将起针锁针（A色）上侧的横线挑起，钩织1针锁针、1针短针，然后再钩织3针立起的锁针，接着按照箭头所示，在短针中织入长针5针的爆米花针。

2　钩织完5针长针后，暂时取出钩针，然后将钩针插入第3针立起的锁针中，再将之前取出的针脚挂到针尖。

3　按照箭头所示一次性引拔钩织。完成后如图a。

4　钩织1针锁针，收紧，完成长针5针的爆米花针。接着按照箭头所示，跳过2针，插入钩针后按照记号图继续钩织。

第2行　看着反面，拉起A色的编织线（起针）钩织

看着反面，拉起B色的编织线
第3行　（第1行的编织线）钩织

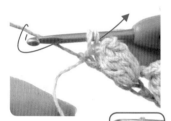

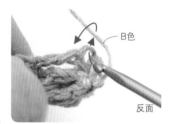

5　第1行的钩织终点处钩织未完成的短针（参照P62短针的步骤2），然后将A色编织线挂到钩针上，引拔钩织。完成后如图a所示。

1　参照记号图，用A色的编织线钩织1针立起的锁针，再重复钩织"1针短针、2针锁针"。

2　第2行的钩织终点处，用手拉大针脚，按照箭头所示穿过线团，再收紧线头。完成后如图a所示。

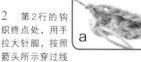

1　按照箭头所示穿引针尖头，挂上B色的编织线，引拔抽出，钩织针脚。

看着正面，拉起A色（第2行）
第4行　的编织线钩织

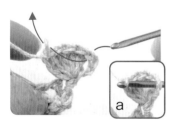

2　看着反面钩织长针5针爆米花针，再引拔钩织针脚时，按照箭头所示，将钩针插入织片的外侧，然后将之前取出的针脚挂到针尖，接着引拔钩织。引拔钩织线重新插入钩针后如图a所示。

3　织片的正面成蓬松状，富有立体感，与第1行引拔钩织的方法相反。引拔钩织，再织下面爆米花针中立起的3针锁针后如图所示。

4　第3行的钩织终点处，也按第1行步骤5的要领钩织。

钩织完第4行后如图所示。从下面一行开始，参照记号图，重复钩织4行1个花样。

挑针订缝

1 用缝纫针将编织线穿到织片顶端。

2 织片的针脚与针脚相接，将半针内侧相连，仔细小心挑起。

3 看起来线的纹路非常流畅，但实际连接时需要将线收紧。

挑针接缝

织片的行间与行间相接，按照挑针订缝的方法，将半针内侧相连，仔细小心挑起。

口金的拼接方法

  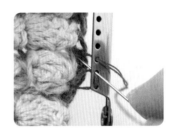 

1 准备好主体、口金、缝纫针、粗缝纫线，将侧面的花边部分插入口金中。

2 口金顶端部分，从织片反面口金的第2个小孔中穿出针，然后再插入第1个小孔中（a）。接着再从第3个小孔中穿出针（b）。

3 返回第2个小孔中，插入钩针，进行半针回针缝。

4 按照步骤2、步骤3的方法，用半针回针缝的方法将织片插入口金中，仔细固定缝好。

基础课程

线头的处理

平针钩织时

1 线头穿入缝纫针中，穿到织片反面的5~6针中，藏好。避免影响正面效果。

2 跳过一针，防止针脚松开，反方向穿针。

3 剪断线头，小心不要剪到织片。

线头的处理

圆环钩织时

按照平针钩织的要领，根据图片所示，用缝纫针将线头藏到针脚中，来回穿针后剪断线头。

方形休闲手提包 A

用长针和长针的拉针钩织出华夫饼风格的花样，新颖又可爱的休闲手提包。

设计制作⋯今村曜子

1

制作方法⋯P10
重点教程⋯P4

方形休闲手提包 B

花边部分的短针棱针非常亮眼。
藏蓝色与白色的搭配既简单又方便使用。

设计制作···今村曜子

2

制作方法···P50

1 方形休闲手提包 A

图片…P8
重点教程…P4

准备材料
编织线…Marchen Art Jutefix 极细/米褐
色：约330m（3团）
针…钩针5/0号

成品尺寸
参照图

钩织方法
1. 底面钩织35针锁针起针，然后用短针无加减针钩织21行。
2. 钩织侧面时从底面挑针，然后用花样钩织的方法织入20行，呈圆环状，接着再钩织4行花边。
3. 钩织2根提手，用挑针接缝的方法（参照P7）将侧面的指定位置缝合。

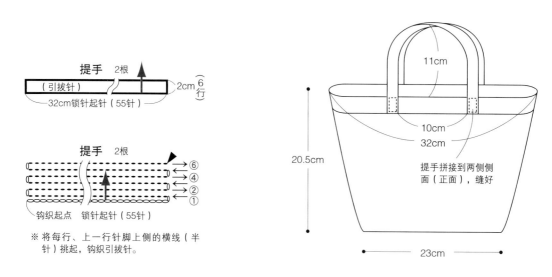

提手 2根

（引拔针）
32cm锁针起针（55针）
2cm 6行

提手 2根

⑥
④
②
①
钩织起点 锁针起针（55针）

※ 将每行、上一行针脚上侧的横线（半针）挑起，钩织引拔针。

11cm

10cm
32cm

20.5cm

提手拼接到两侧侧面（正面），缝好

23cm

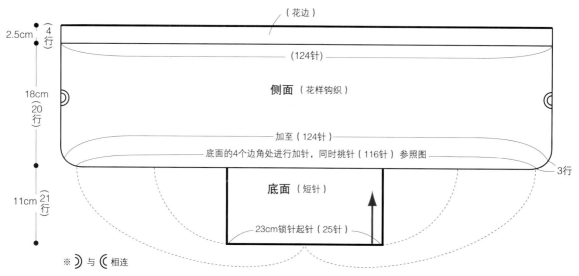

（花边）

2.5cm 4行

（124针）

侧面（花样钩织）

18cm 20行

加至（124针）

底面的4个边角处进行加针，同时挑针（116针）参照图

3行

11cm 21行

底面（短针）

23cm锁针起针（25针）

※ ⊃与⊂相连

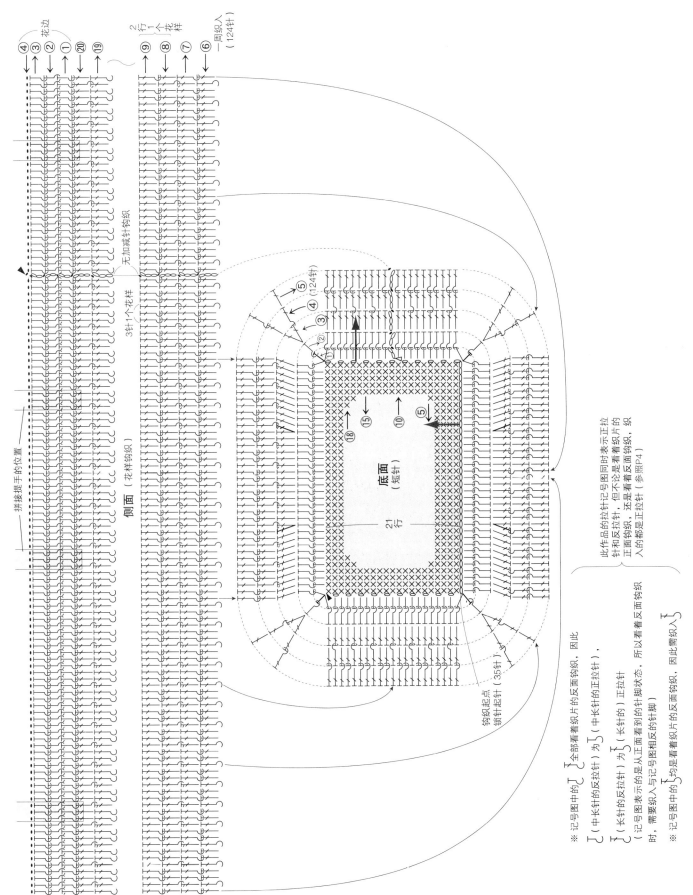

花边

④ ③ ② ① ⑳ ⑲

2行1个花样

⑨ ⑧ ⑦ ⑥

一周织入（124针）

拼接提手的位置

无加减针钩织

3针1个花样

侧面（花样钩织）

⑤（124针）
④
③
②
①

⑱ ⑮ ⑩ ⑤

底面
（短针）

21行

钩织起点
锁针起针（35针）

此作品的拉针记号图同时表示正拉
针和反拉针，但不论是看着织片的
正面钩织，还是看着反面钩织，织
入的都是正拉针（参照P4）

※记号图中的 了（中长针的反拉针） 全部着着织片的反面钩织，因此
 了（中长针的正拉针）为 了
 了（长针的反拉针）为 了（长针的正拉针）正拉针
（记号图表示的是从正面看着针脚的针脚，所以看着反面钩织
时，需要织入与记号图相反的针脚）

※记号图中的 了 均是看着织片的反面钩织，因此需织入 了

11

圆形休闲手提包 A

主体与提手连接在一块儿的手提包。
一体化的外形，简洁又时尚。

设计制作…青木惠理子

3

制作方法…P14

圆形休闲手提包 B

与作品 3 相同，将织片钩织成条纹状。
向大家介绍变换编织线的颜色，又无需剪断线的方法，
处理线头时省去不少麻烦。

设计制作…青木惠理子

4

制作方法…P14

Jute Ramie

3 圆形休闲手提包 A

图片…P12

准备材料

编织线…Marchen Art Jute Ramie/ 本白色：约260m（4团），红色：约130m（2团）

针…钩针8/0号

成品尺寸

参照图

钩织方法与顺序

※参照图用指定的配色线钩织

1. 底面用线头绕成圆环，织入6针短针起针，然后按照图示方法加针，同时织入16行。

2. 侧面部分从底面挑针，同时无加减针织入28行（钩织终点处暂时停下针脚）。

3. 提手部分在两个地方钩织30针锁针，之后在步骤2暂时停下的针脚处按照图示方法织入6行短针。

4. 在最终行织入1行引拔针调整，但是提手部分需要参照提手的处理图，对折后织入引拔针。

4 圆形休闲手提包 B

图片…P13

准备材料

编织线…Marchen Art Jute Ramie/暗蓝色：约200m（5团），白色：约130m（2团）

针…钩针8/0号

成品尺寸

参照图

钩织方法与顺序

※ 整体用短针钩织配色条纹，针数、行数与作品3完全相同。条纹的换线方法参照P46重点教程的方法，渡线插入织片中，无需将线剪断，继续钩织即可。

※钩织方法与作品*3*完全相同

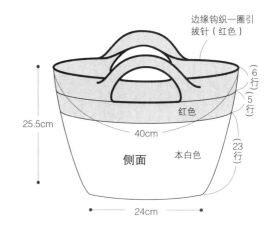

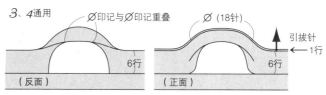

提手的处理

3、4通用

提手的∅印记（18针）与∅印记的织片正面朝外相对合拢，2块重叠，最终行织入引拔针
（∅印记以外，在织片顶端织入引拔针）

※∅印记的上侧和下侧错开1针，圆环钩织时，针脚会倾斜，因此要对齐位置，需要错开

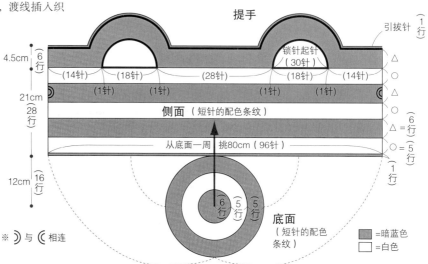

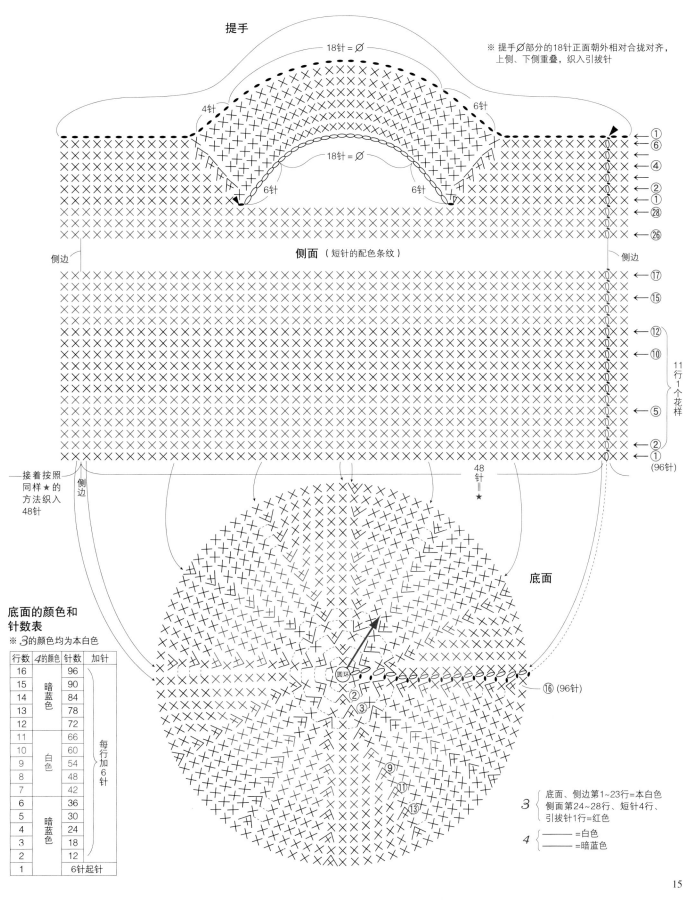

提手

18针 = Ø

※ 提手Ø部分的18针正面朝外相对合拢对齐，
上侧、下侧重叠，织入引拔针

4针   6针

① ←
⑥ ←
④ ←
② ←
① ←
㉘ ←
㉖ ←

18针 = Ø

6针   6针

侧边   侧边

侧面（短针的配色条纹）

⑰ ←
⑮ ←

⑫ ←
⑩ ←

11行1个花样

⑤ ←

② ←
① ←

接着按照
同样★的
方法织入
48针

侧边

48针
=★

(96针)

底面

底面的颜色和
针数表

※ 3的颜色均为本白色

行数	4的颜色	针数	加针
16		96	
15	暗蓝色	90	
14		84	
13		78	
12		72	
11		66	每行加6针
10	白色	60	
9		54	
8		48	
7		42	
6		36	
5	暗蓝色	30	
4		24	
3		18	
2		12	
1		6针起针	

圆环
②
③

⑯ (96针)

⑨

⑪

⑬

3 { 底面、侧边第1~23行=本白色
    侧面第24~28行、短针4行、
    引拔针1行=红色

4 { =白色
     =暗蓝色

15

折叠手提包 A

弧形袋状的可爱手提包，由网状花样钩织而成。
按照图片所示，将手提包翻到反面，
再将 2 块织片的底面部分翻到反面，
侧面和提手塞到里面，
花朵花样就能变成可爱的小球体。

设计…河合真弓　制作…关谷幸子

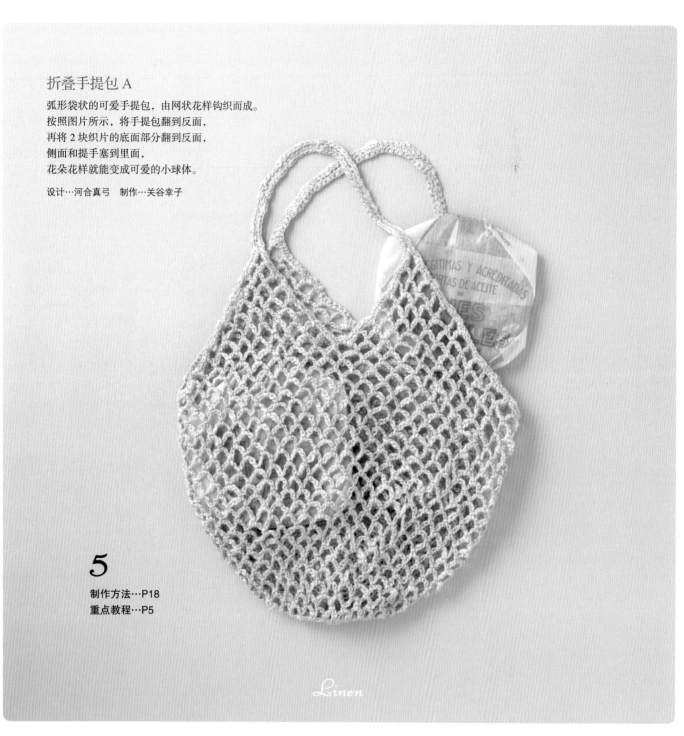

5

制作方法…P18
重点教程…P5

Linen

 ▶  ▶  ▶  ▶

16

折叠手提包 B

可折叠，携带方便的创意手提包。包盖的
纽扣正反面均有，可以挂在方格织片上，
极其巧妙。

设计…河合真弓　制作…关谷幸子

6

制作方法…P52

Linen

 ▶  ▶  ▶  ▶

5 折叠手提包A

图片···P16
重点教程···P5

准备材料
编织线···Daruma 手工编织线 Organic
Café Linen Blend/淡蓝色：80g
针···钩针4/0号

成品尺寸
参照图

钩织方法与顺序
按照下图步骤1~4的顺序钩织。
※参照下图的折叠方法和P16的图片，加入侧面和提手，便可以完成的便携式折叠手提包。

花朵花样 2块

X（第4行）=第3行倒向内侧，沿反面在第2行的短针中再织入短针

7.5cm

7.5cm

钩织方法与顺序

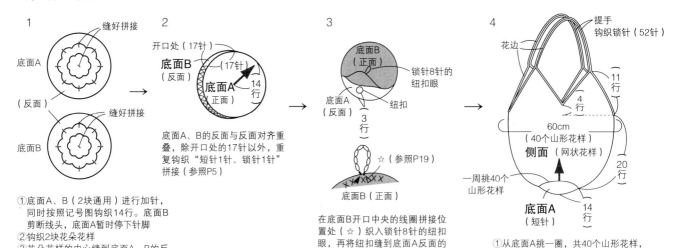

1
底面A（反面）
缝好拼接
底面B
缝好拼接

①底面A、B（2块通用）进行加针，同时按照记号图钩织14行。底面B剪断线头，底面B暂时停下针脚
②钩织2块花朵花样
③花朵花样的中心缝到底面A、B的反面中央，缝好8片花瓣

2
开口处（17针）
底面B（反面）
（17针）
底面A（正面）
14行

底面A、B的反面与反面对齐重叠，除开口处的17针以外，重复钩织"短针1针、锁针1针"拼接（参照P5）

3
底面B（正面）
锁针8针的纽扣眼
底面A（反面）
纽扣
3行
底面B（正面）
☆（参照P19）

在底面B开口中央的线圈拼接位置处（☆）织入锁针8针的纽扣眼，再将纽扣缝到底面A反面的纽扣拼接位置（●）

4
提手钩织锁针（52针）
花边
4行
11行
60cm
（40个山形花样）
侧面（网状花样）
20行
一周挑40个山形花样
底面A（短针）
14行

①从底面A挑一圈，共40个山形花样，侧面用网状花样钩织，提手部分织入52针锁针
②侧面与提手外周与提手的内侧（2个位置）处织入1行花边

折叠方法与顺序

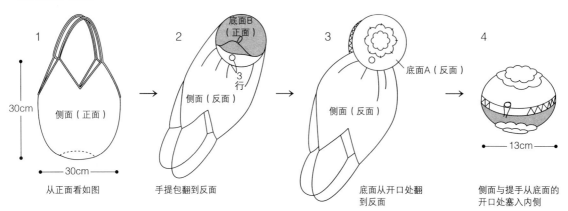

1
30cm
侧面（正面）
30cm
从正面看如图

2
底面B（正面）
侧面（反面）
3行
手提包翻到反面

3
侧面（反面）
底面A（反面）
底面从开口处翻到反面

4
13cm
侧面与提手从底面的开口处塞入内侧

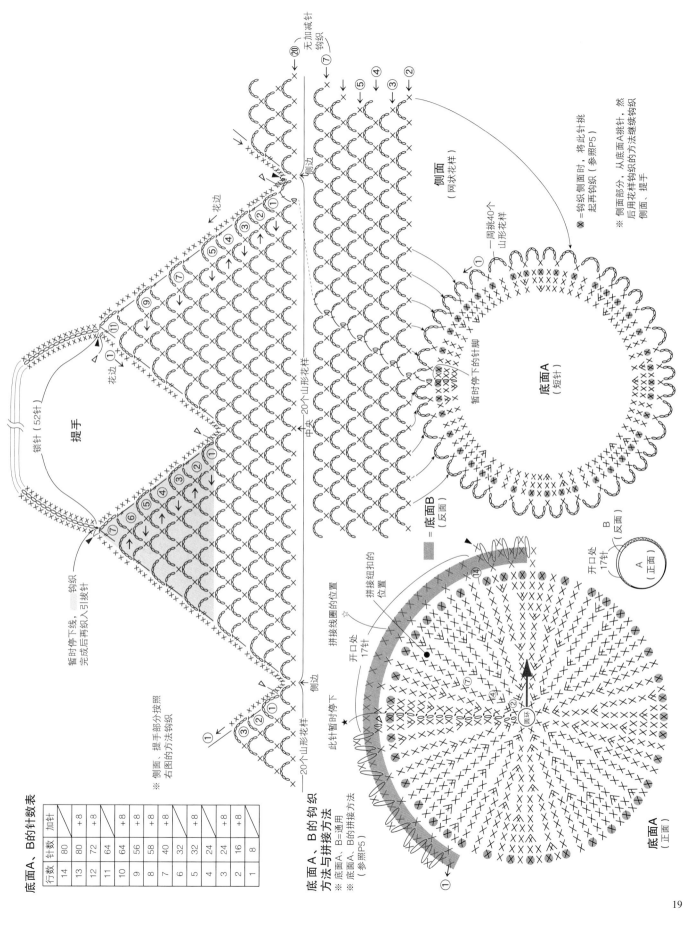

底面A、B的针数表

行数	针数	加针
14	80	
13	80	+8
12	72	+8
11	64	
10	64	+8
9	56	+8
8	58	+8
7	40	+8
6	32	
5	32	+8
4	24	+8
3	24	
2	16	+8
1	8	

底面A、B的钩织
方法与拼接方法
※底面A、B=通用
※底面A、B的拼接方法
（参照P5）

※侧面、提手部分按照
右图的方法钩织

暂时停下线
完成后再织入引拔针

※侧面、提手部分按照
右图的方法钩织

提手

锁针（52针）

花边①

花边

花边

中央

20个山形花样

20个山形花样

侧边

侧边

无加减针
钩织

此针暂时停下
★

开口处
17针

拼接纽扣的
位置

拼接线圈的位置
☆

底面A
（正面）

底面A
（短针）

底面B
（反面）

＝侧面、钩织侧面时，从底面A挑针
（参照P5）

侧面
（网状花样）

一周挑40个
山形花样

暂时停下的针脚

= 钩织侧面时，将此针从底面A挑针（参照P5）

※侧面部分钩织侧面，然
后用花样钩织起再钩织
侧面、提手

开口处
17针

A
（正面）
B
（反面）

扁平手提包 A

粉红对比色加上松形花样的可爱手提包。
柔软的麻线，极佳的触感。

设计制作…百瀬绫

7

制作方法…P22

扁平手提包 B

用哑光色编织线钩织而成的星星花样十分可爱，
扁平手提包中还融入了条纹元素。

设计制作…百濑绫

8

制作方法…P23

Hemp + Jute

7 扁平手提包 A

图片…P20

准备材料

编织线…Daruma 手工编织线 Yawaraka棉线/米褐色混合：85g，粉色混合：15g

钩针…钩针5/0号

成品尺寸
参照图

钩织方法与顺序

1. 用米褐色线钩织84针锁针起针，然后在最初的针脚中引拔钩织，形成圆环。

2. 从锁针挑针，钩织14行短针，再无加减针进行23行花样钩织，形成筒状（花样钩织的第21、第23行用粉色线钩织）。

3. 用短针的条针钩织2根提手。

4. 提手重叠到侧面的里侧，缝好。

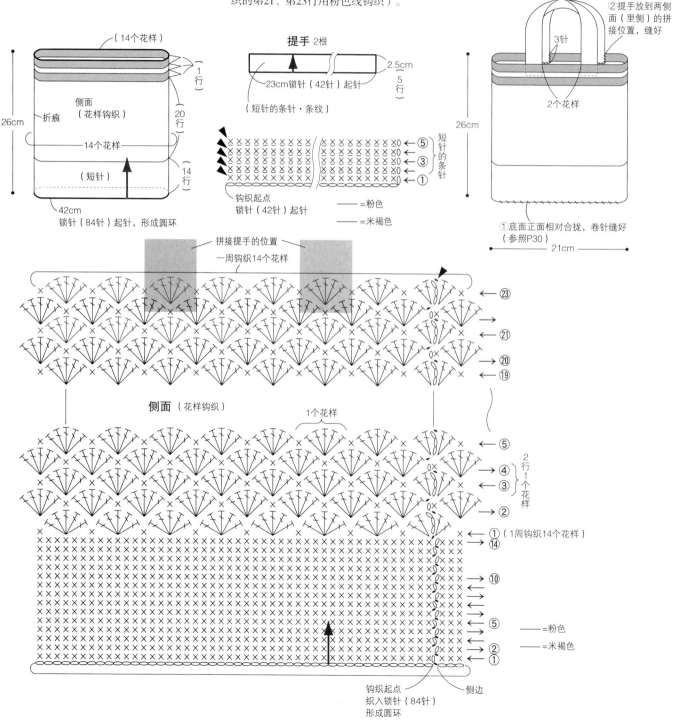

提手 2根

23cm锁针（42针）起针　2.5cm　5行

（短针的条针·条纹）

钩织起点　锁针（42针）起针

—— =粉色
—— =米褐色

（14个花样）

（1行）

侧面（花样钩织）
折痕
14个花样
（短针）

26cm

20行

14行

42cm
锁针（84针）起针，形成圆环

②提手放到两侧面（里侧）的拼接位置，缝好

3针

2个花样

26cm

①底面正面相对合拢，卷针缝好（参照P30）

21cm

拼接提手的位置

一周钩织14个花样

侧面（花样钩织）

1个花样

2行1个花样

㉓ ㉑ ⑳ ⑲ ⑤ ④ ③ ②

①（1周钩织14个花样）
⑭

⑩ ⑤ ② ①

—— =粉色
—— =米褐色

钩织起点
织入锁针（84针）
形成圆环

侧边

22

8 扁平手提包 B

图片…P21

准备材料

编织线…Daruma 手工编织线 Café Hemp
麻线/藏蓝色：80g，米褐色：55g，咖啡星
点/蓝灰色：5g
针…钩针4/0号（星星花样）·5/0号（侧
面·提手）

成品尺寸
参照图

钩织方法与顺序

1. 用藏蓝色线钩织84针锁针起针，再在最初的针脚中引拔钩织，形成圆形。

2. 钩织侧面时，从锁针开始挑针，然后按照图示方法用长针和短针的组合花样钩织条纹，无加减针织入39行，再钩织3行短针。

3. 钩织2根提手和5块星星花样。

4. 提手重叠到侧面的里侧，缝好。

5. 随意缝上5块星星花样，缝到侧面的4个位置。

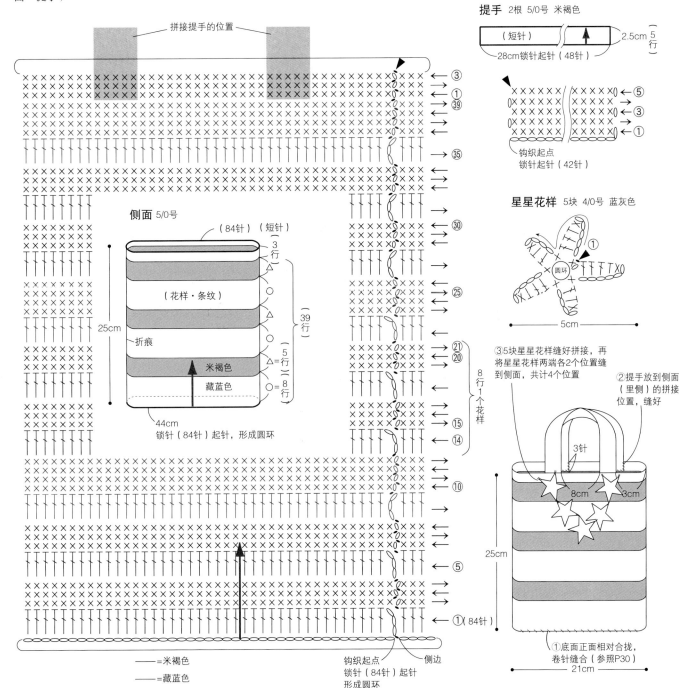

拼接提手的位置

提手 2根 5/0号 米褐色
（短针）
28cm锁针起针（48针）
2.5cm（5行）

钩织起点
锁针起针（42针）

星星花样 5块 4/0号 蓝灰色
圆环
5cm

③5块星星花样缝好拼接，再将星星花样两端各2个位置缝到侧面，共计4个位置

②提手放到侧面（里侧）的拼接位置，缝好

3针
8cm 3cm
25cm
①底面正面相对合拢，卷针缝合（参照P30）
21cm

侧面 5/0号
（84针）（短针）
3行
（花样·条纹）
39行
折痕
米褐色
藏蓝色
5行
8行1个花样
25cm
44cm
锁针（84针）起针，形成圆环

8行1个花样

钩织起点
锁针（84针）起针
形成圆环

侧边

———=米褐色
———=藏蓝色

花朵休闲手提包 A

苔绿色的主体，加上边缘部分拼接的小碎花图案，
非常可爱的休闲手提包。

设计制作···Oka Mariko

9

制作方法···P26

花朵休闲手提包 B

主体颜色与作品9不同，再缝上
大一些的花朵花样，制作出清
爽自然的休闲手提包。

设计制作···Oka Mariko

10

制作方法···P49

9 花朵休闲手提包 A

图片…P24

准备材料
编织线…Marchen Art Jute Ramie/ 苔绿色：约280m（7团）， Hemp Twine 细线/深粉色（胭脂色）：约40m（2团），黄色（金黄色）、粉色（暗红色）、浅苔绿色（深绿色）、苔绿色：各约20m（1卷）

针…钩针8/0号（手提包），5/0号（花朵、叶子）

成品尺寸
参照图

钩织方法与顺序
1 底面钩织15针锁针起针，参照图，钩织11行底面和27行侧面。
2 提手从侧面的指定位置开始挑3针，然后用短针无加减针钩织26行。钩织终点处的3针（☆印记）与侧面的3针（☆印记）相接，卷针缝合。再用同样的方法钩织另一根提手。
3 在提手与侧面织入花边，调整。
4 按指定的配色，钩织指定数量的花朵和叶子花样。10片叶子制作成V字型。
5 参照花朵、叶子的配置图，用缝纫针将花样缝到两侧面，用拆分线（参照P49）缝到指定位置。

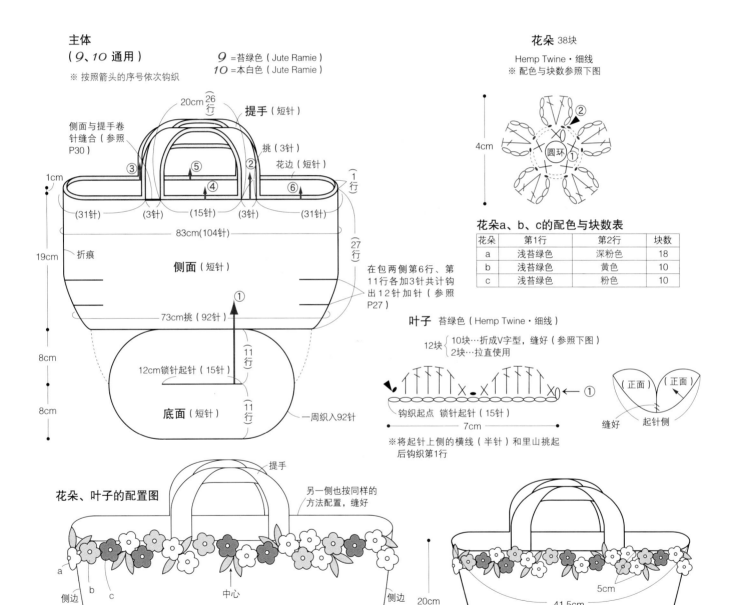

主体
（ *9* 、 *10* 通用 ）
※ 按照箭头的序号依次钩织

9 ＝苔绿色（Jute Ramie）
10 ＝本白色（Jute Ramie）

20cm 26行
提手（短针）
侧面与提手卷针缝合（参照P30）
挑（3针）
花边（短针）
1cm
1行
27行
（31针）（3针）（15针）（3针）（31针）
83cm（104针）
19cm
折痕
侧面（短针）
在包两侧第6行、第11行各加3针共计钩出12针加针（参照P27）
73cm挑（92针）
8cm
11行
12cm锁针起针（15针）
底面（短针）
8cm
11行
一周织入92针

花朵 38块
Hemp Twine・细线
※ 配色与块数参照下图
4cm
圆环

花朵a、b、c的配色与块数表

花朵	第1行	第2行	块数
a	浅苔绿色	深粉色	18
b	浅苔绿色	黄色	10
c	浅苔绿色	粉色	10

叶子 苔绿色（Hemp Twine・细线）
12块 10块…折成V字型，缝好（参照下图）
2块…拉直使用
钩织起点 锁针起针（15针）
7cm
※将起针上侧的横线（半针）和里山挑起后钩织第1行
〔正面〕 〔正面〕
缝好 起针侧

花朵、叶子的配置图
提手
另一侧也按同样的方法配置，缝好
a
b c
侧边
中心
侧边

缝花样的位置
花朵第2行根部周围缝好
在叶子的3个位置缝好
2个位置缝好

※ 按照图示方法，用同色的拆分线将花样缝到侧面的指定位置（参照P49）

20cm
5cm
41.5cm
28cm

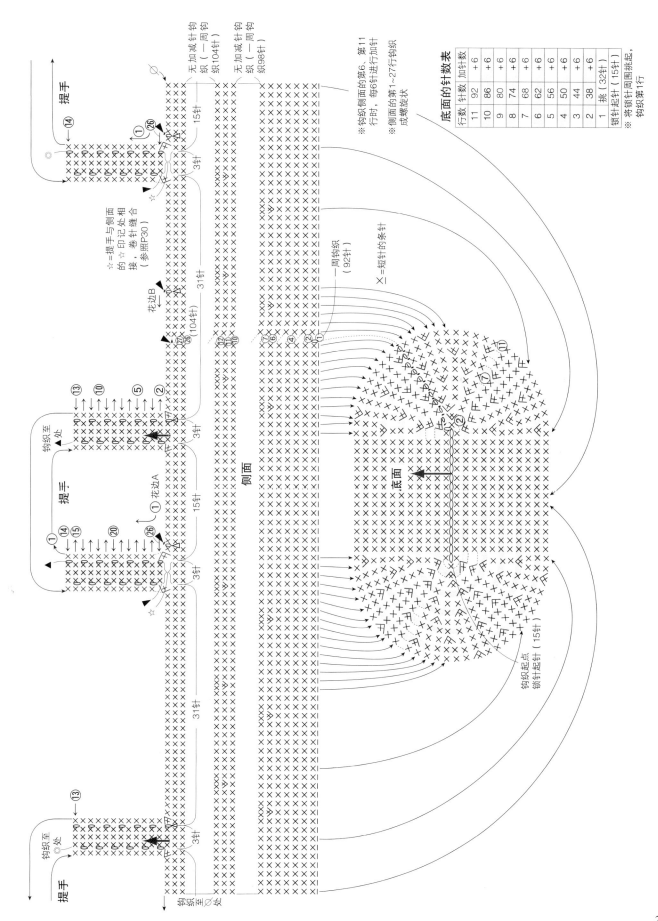

迷你休闲手提包 A

小巧的尺寸，可爱精致。
芥末色的主体和主体左右的带状时尚又个性。

设计制作…柴田淳

11

制作方法…P59

Hemp

迷你休闲手提包 B

钩织图与作品**11**相同，无装饰带，用 2 种颜色的编织线织成的简单手提包。
短时外出可以带上它。

设计制作…柴田淳

12

制作方法…P30

Jute

12　迷你休闲手提包 B

图片…P29

准备材料

编织线…Daruma　手工编织线 Café Brown/
本白色、苔绿色：各50g

针…钩针5/0号

成品尺寸

参照图

钩织方法与顺序

※ 用往复钩织的方法钩织底面与侧面，形成圆环。

1. 底面钩织28针锁针起针，参照图，用指定的配色线钩织底面与侧面，织入42行。
2. 提手部分从侧面的▲印记处挑7针，再无加减针织入24行短针。从两侧的▲印记（4个位置）处用同样的方法分别钩织。
3. 参照提手的拼接方法，钩织完成。

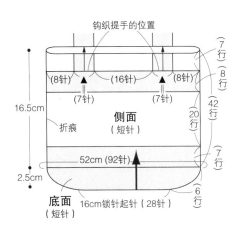

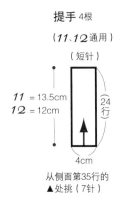

提手 4根

（*11*、*12*通用）

（短针）

11 = 13.5cm

12 = 12cm

24行

4cm

从侧面第35行的
▲处挑（7针）

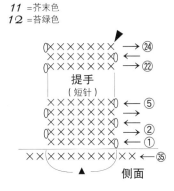

11 =芥末色
12 =苔绿色

提手
（短针）

侧面

提手的拼接方法

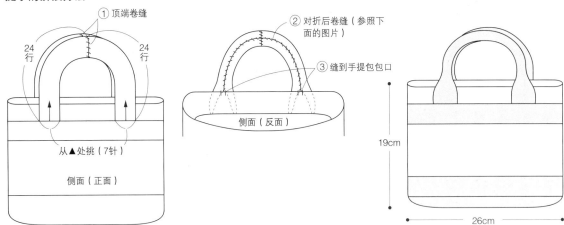

① 顶端卷缝

24行　24行

从▲处挑（7针）

侧面（正面）

② 对折后卷缝（参照下面的图片）

③ 缝到手提包包口

侧面（反面）

19cm

26cm

重点教程

卷针缝合

1　缝制起点将线从顶端的半针中来回穿2次，缝紧。

2　从下一针开始，在每个针脚中穿1次，进行卷缝。缝至终点处按照步骤1的方法，穿2次线，缝紧。

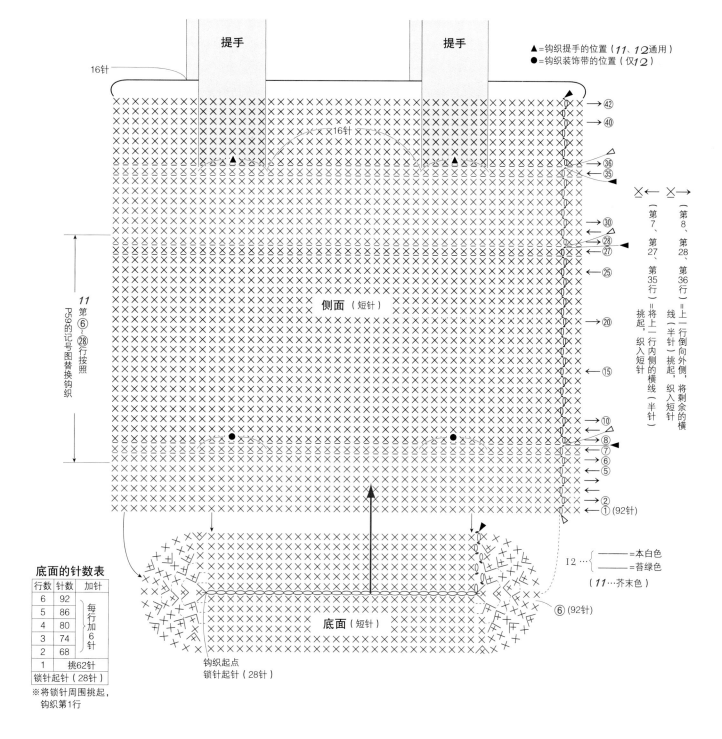

提手

提手

▲=钩织提手的位置（*11*、*12*通用）
●=钩织装饰带的位置（仅*12*）

16针

×16针

侧面（短针）

11
P59的记号图替换钩织
第⑥～○28行按照

→ ㊷
→ ㊵
→ ㊱
→ ㊳
→ ㉚
→ ㉘
→ ㉗
→ ㉕
→ ⑳
→ ⑮
→ ⑩
→ ⑧
→ ⑦
→ ⑤
→ ②
← ①（92针）

（第8、第28、第36行）=上一行倒向外侧，将剩余的横线（半针）挑起，织入短针

（第7、第27、第35行）=将上一行内侧的横线（半针）挑起，织入短针

底面（短针）

钩织起点
锁针起针（28针）

钩织起点
锁针起针（28针）

⑥（92针）

12 { ——=本白色
       ——=苔绿色 }
（*11*…芥末色）

底面的针数表

行数	针数	加针
6	92	每行加6针
5	86	
4	80	
3	74	
2	68	
1	挑62针	
锁针起针（28针）		

※将锁针周围挑起，钩织第1行

风琴式手提包 A

两侧的褶皱是手提包最大的特点。底面与侧面为正方形的设计，
提手的蝴蝶结也是亮点。

设计制作…野口智子

13

制作方法…P34

风琴式手提包 B

提手使用金属色线绳，结头处加入流苏风格的圆形手提包。
线绳部分如图片所示，从两侧穿出，
可根据个人的喜好调整提手的长短。

设计制作…野口智子

14

制作方法…P54
重点教程…P5

13 风琴式手提包 A

图片···P32

准备材料

线···HAMANAKA Flux K/米褐色：85g，紫色：80g

针···钩针5/0号

其他···塑料底层：17cm×17cm（用市场销售的B5标准底裁剪后使用），棉布：20cm×20cm

成品尺寸

参照图

钩织方法与顺序

1. 侧面与底面钩织36针锁针起针，参照图，用指定的配色线钩织短针。

2. 侧面的对齐印记与印记对齐，相接组合成盒子状，再缝成"コ"字型。

3. 用短针钩织提手，再从提手的穿孔中穿过，打蝴蝶结。

4. 修剪塑料底层制作出中层，再放到手提包的底面。中层与底层修剪面可以用锉刀磨平后使用，也可以按照图示方法贴上自己喜欢的布料。

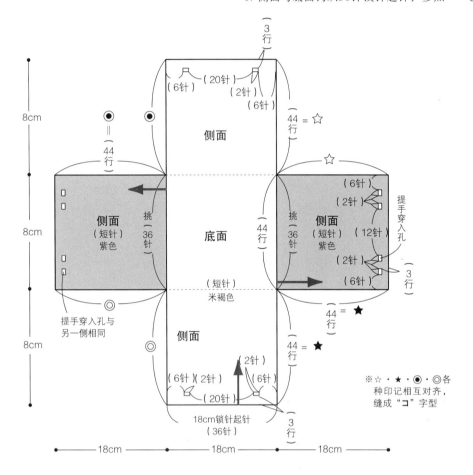

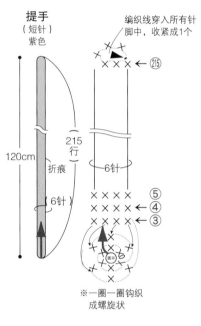

重点教程

コ字型缝合

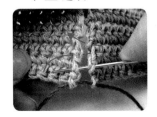

1 织片相接，如同书写"コ"一样，将半针内侧挑起。

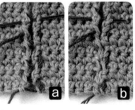

2 图片a的线条分明，针脚缝得比较松散。实际上要将线拉紧，如图片b所示。

中层

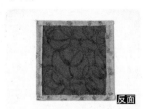

修剪塑料底层，整体覆盖，用黏合剂贴上棉布。棉布的顶端往反面折叠后如图所示。

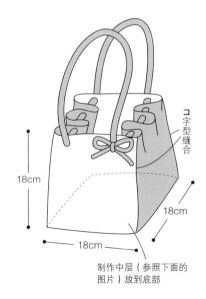

制作中层（参照下面的图片）放到底部

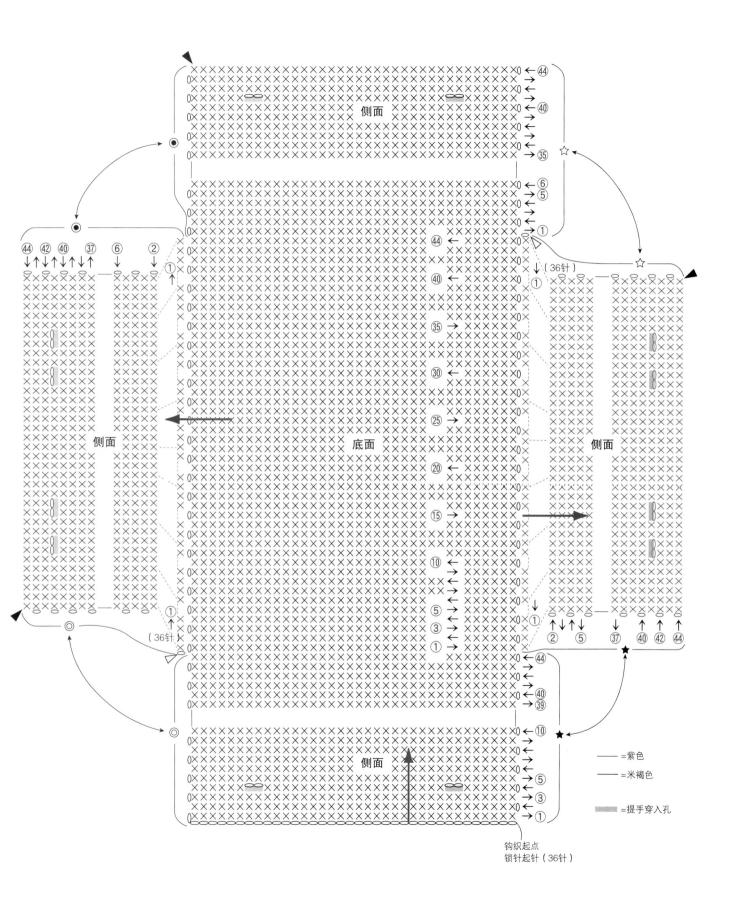

侧面

侧面

底面

侧面

侧面

（36针）

（36针）

钩织起点
锁针起针（36针）

―――=紫色

―――=米褐色

=提手穿入孔

木质提手手提包

轻柔的曲线，浪漫花样组合而成的手提包。
自然清新，可以与各式风格搭配，力荐给大家。

设计制作…Endo Hiromi

15

制作方法…P38

竹藤提手手提包

与作品15的织片相同，将反面用做正面的设计。
提手选用竹藤材质，再加上两色拼接的主体，清爽干净。

设计制作···Endo Hiromi

16

制作方法···P39

15 木质提手手提包

图片…P36

准备材料

编织线…HAMANAKA Flux S/米褐色：125g

针…钩针4/0号

其他…HAMANAKA　木质提手/原色：约横向25cm×纵向12.5cm　1对

成品尺寸

参照图

钩织方法与顺序

1. 底面钩织105针锁针起针，再织入1行短针。接着分别在两侧进行花样钩织。
2. 侧面、正面相对合拢，对折，2块织片的顶端重叠，织入1行短针缝合。
3. 手提包包口处织入1行短针，再在两侧面指定的位置钩织提手穿入口。
4. 参照P39的图片，用提手穿入口包住提手（木质提手），缝到短针的反面。
5. 用螺纹针钩织线绳，然后在两侧面的绳带穿入位置绕一周，打蝴蝶结。

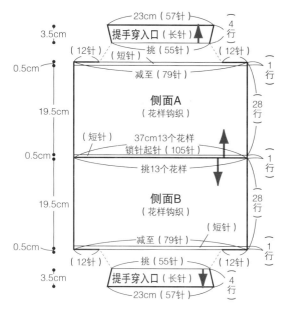

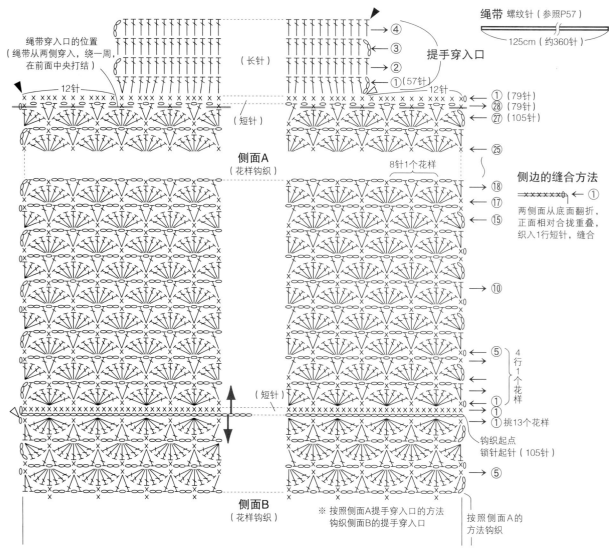

绳带 螺纹针（参照P57）

125cm（约360针）

提手穿入口

侧面A
（花样钩织）

8针1个花样

侧边的缝合方法

两侧面从底面翻折，
正面相对合拢重叠，
织入1行短针，缝合

绳带穿入口的位置
（绳带从两侧穿入，绕一周，
在前面中央打结）

侧面B
（花样钩织）

4行1个花样

挑13个花样

钩织起点
锁针起针（105针）

※ 按照侧面A提手穿入口的方法
钩织侧面B的提手穿入口

按照侧面A的
方法钩织

16 竹藤提手手提包

图片…P37

准备材料

编织线…HAMANAKA Flux K/ 灰色：85g，本白色：70g

针…钩针4/0号

其他…HAMANAKA　竹藤提手/原色：约横向21cm×纵向14.5cm　1对

成品尺寸

参照图

钩织方法与顺序

1. 用指定配色线钩织底面与侧面，参照P38作品*15*的记号图钩织，1行短针和提手穿入口则是参照下图钩织。
2. 侧面织片正面朝外相对合拢对折，2块织片顶端重叠。钩织1行短针至开口处，缝合（参照P38侧边的缝合方法）。两端的开口部分通过花边调整。
3. 用提手穿入口处的织片包住提手（竹藤），缝到短针的反面。

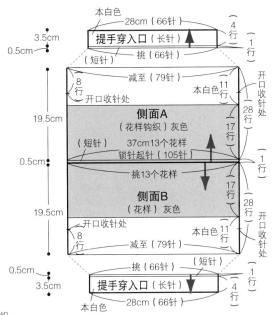

※ 用指定的配色线钩织底面与两侧面，按照P38 *15*的方法钩织。
　然后按照下图所示织入1行短针和提手穿入口

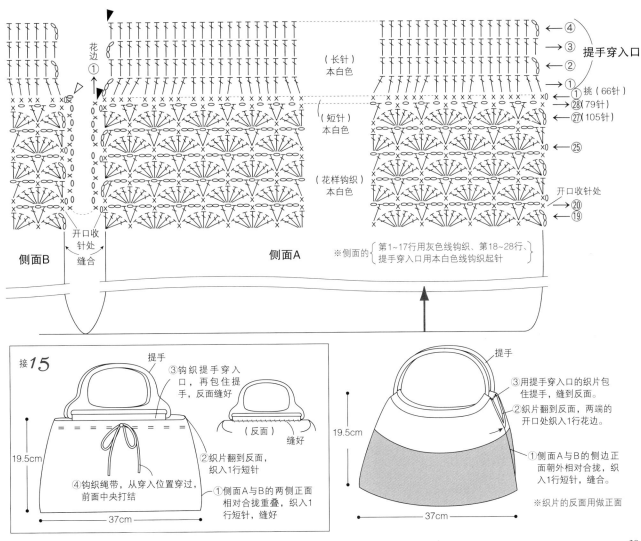

39

17

制作方法…P42
重点教程…P6

口金手提包 A

爆米花针的设计蓬松可爱。
拼接口金后让手提包增添了几分时尚感。

设计制作…冈本启子

口金手提包 B

用 3 种颜色的编织线钩织出方形花样，个性十足的圆形口金手提包。
适合搭配具有时尚感的裙子。

设计制作…冈本启子

18

制作方法…P56

Linen

17 口金手提包 A

图片…P40
重点教程…P6

准备材料
编织线…HAMANAKA　Flux K/本白色：
95g，米褐色：20g
针…钩针5/0号
其他…HAMANAKA　手提包用口金/复
古：横向17cm×纵向7cm　1对

成品尺寸
参照图

钩织方法与顺序
1. 底面钩织49针锁针起针，参照P6配色线的替换方法，用花样钩织的方法按照记号图分别钩织两侧面。
2. 拼接口金，在织片的顶端织入花边调整。

3. 侧边部分将印记相同的部分相接，挑针订缝。接着稍稍用力拉紧边角处的缝纫线，形成弧形，缝好。然后继续挑针订缝侧边，处理缝好。
4. 侧面的花边部分夹入口金中，用半针回针缝的方法缝好。
5. 用螺纹针钩织提手，参照提手的拼接方法，从口金的圆环中穿过，缝好。

主体

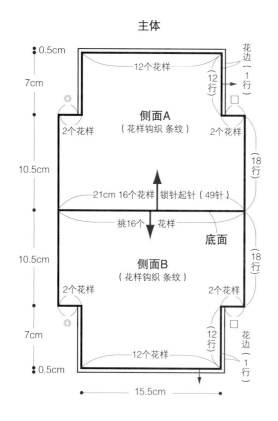

拼接方法

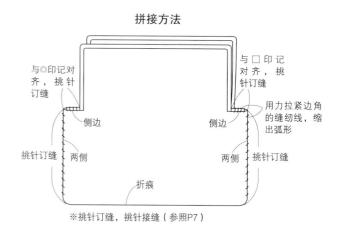

※挑针订缝，挑针接缝（参照P7）

口金的拼接方法

（参照P7）

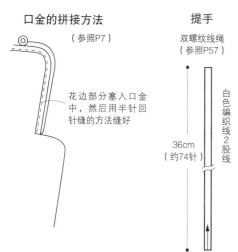

花边部分塞入口金中，然后用半针回针缝的方法缝好

提手

双螺纹线绳
（参照P57）

白色编织线2股线

36cm
（约74针）

提手的拼接方法

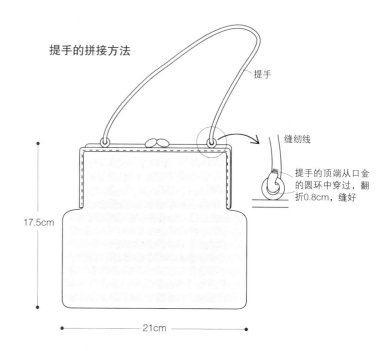

提手

缝纫线

提手的顶端从口金的圆环中穿过，翻折0.8cm，缝好

17.5cm

21cm

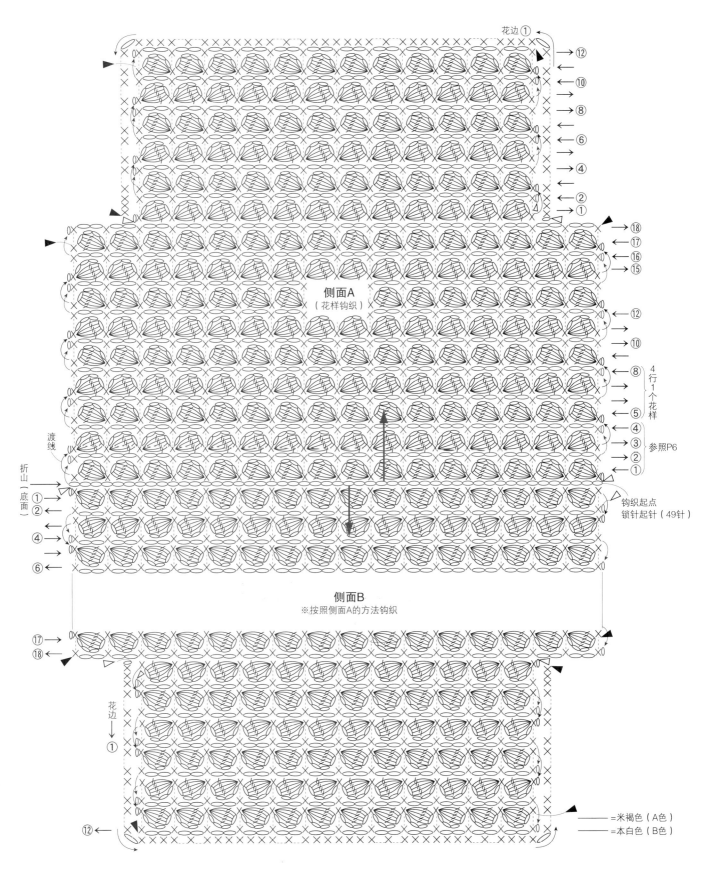

花边①

→⑫
←⑩
→⑧
←⑥
→④
←②
→①

→⑱
←⑰
←⑯
←⑮

侧面A
（花样钩织）

→⑫
←⑩
←⑧
→⑤
←④
→③ 参照P6
→②
→①

4行1个花样

渡线

折山（底面）

①→
②←
④←
⑥←

钩织起点
锁针起针（49针）

侧面B
※按照侧面A的方法钩织

⑰→
⑱←

花边
→①

⑫←

＝米褐色（A色）
＝本白色（B色）

43

皮革提手手提包 A

条纹织片上加入纵向的引拔针，形成方格花样。
深浅色搭配透出几分成熟气质。

设计制作…镰田惠美子

19

制作方法…P46

Linen

皮革提手手提包 B

按照作品*19*的编织图钩织，配色略有不同。
改变条纹的宽度。
钩织出优雅自然的手提包。

设计制作…镰田惠美子

20

制作方法…P58

Linen

19 皮革提手手提包 A

图片…P44

准备材料

编织线…HAMANAKA 亚麻线《Linen》/
黑色：8g，本白色：50g
针…钩针5/0号
其他…HAMANAKA 真皮提手/焦茶色：
宽1cm 长约50cm 1对

成品尺寸
参照图

钩织方法与顺序
1. 底面部分，用线头制作圆环，织入10针短针起针，然后参照图织入19行短针。
2. 侧边部分，接着底面无加减钩织49行花样条纹，形成圆环。条纹的换线方法参照重点教程，渡线藏到织片中，无需将线剪断，继续钩织。

3. 接着织入1行短针，在反面织入1行引拔针，进行调整。
4. 在侧面的指定位置用黑色线织入引拔针，形成纵向条纹。
5. 提手缝到侧面的正面。

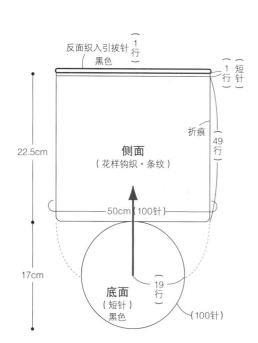
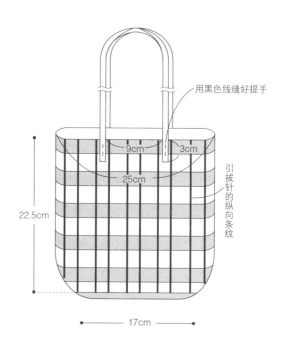

重点教程

将渡线藏到织片中的方法

1 原线最后部分，先与针上的原线交叉，然后用配色线一次性引拔钩织。

2 在钩织起点的针脚中织入引拔针。钩织完成后如图a。

3 织入1针立起的锁针，用配色线继续钩织短针。钩织终点处包住原线，用配色线在最初的针脚中引拔钩织。

4 渡线按照步骤3的要领在每行交叉，再织入指定的行数。

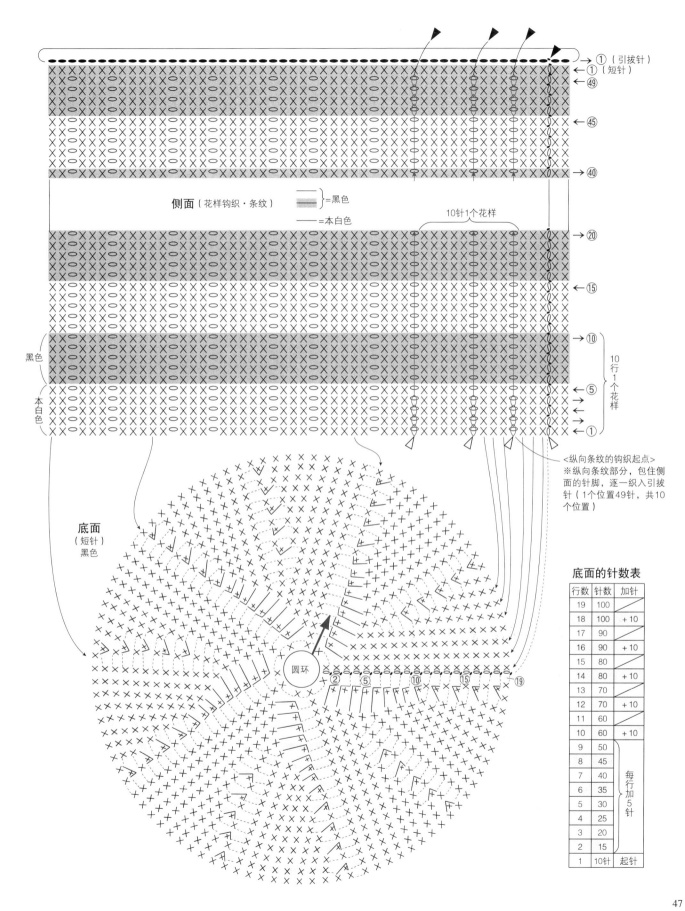

① （引拔针）
← ① （短针）
← ㊾
← ㊺
→ ㊵

側面（花样钩织·条纹）
[阴影] =黑色
—— =本白色

10针1个花样

→ ⑳
← ⑮
→ ⑩

10
行
1
个
花
样

黑色

本白色

← ⑤
←
→
→
← ①

<纵向条纹的钩织起点>
※纵向条纹部分，包住侧面的针脚，逐一织入引拔针（1个位置49针，共10个位置）

底面
（短针）
黑色

圆环

② ⑤ ⑩ ⑮ ⑲

底面的针数表

行数	针数	加针
19	100	
18	100	+ 10
17	90	
16	90	+ 10
15	80	
14	80	+ 10
13	70	
12	70	+ 10
11	60	
10	60	+ 10
9	50	每行加5针
8	45	
7	40	
6	35	
5	30	
4	25	
3	20	
2	15	
1	10针	起针

Yarn Jntroduction

本书用线的介绍（图片同实物等大）

● 1~3/HAMANAKA（株），4~6/Marchen Art，7~11/横田（株）·Daruma手工编织线
● 1~11左起均为品质→适合针→规格→线长→颜色数。
● 印刷物多少会存在色差。

1

2

3

4

5

6

7

8

9

10

11

1	Flux K	麻（亚麻）78%	棉 22%	钩针 5/0 号	每卷 25g	约 62m	12 色
2	亚麻线《Linen》	麻（亚麻）100%	钩针 5/0 号	每卷 25g	约 42m	19 色
3	Flux S	麻（亚麻）69%	棉 31%	钩针 5/0 号	每卷 25g	约 70m	9 色
4	Jute Fix · 极细	除指定外均为人造纤维（竹）60%	黄麻 40%	钩针 5/0 号	约 110m	1 色
5	Hemp Twine	极细	除指定以外均为纤维（黄麻）100%	钩针 5/0 号	约 20m	【单色 18 色 / 草染色·蓝色 9 色】
6	Jute Ramie 苎麻 50%	除指定以外均为纤维（黄麻）50%	钩针 7/0~9/0 号	约 65m	【1 色 / 约 65m 4 色 / 约 40m 15 色】
7	Café Brown	腈纶 70%	除指定以外均为（黄麻）30%	钩针 5/0~6/0 号	每卷 25g	约 60m	9 色
8	Café Hemp 麻	除指定以外均为纤维（黄麻）100%	钩针 5/0~6/0 号	每卷 25g	约 36m	13 色
9	Organic Café Linen Blend	腈纶 75%	麻（有机亚麻）25%	钩针 4/0~5/0 号	每卷 40g	约 122m	10 色
10	Yawaraka 麻	麻（苎麻）100%	钩针 5/0~6/0 号	每卷 25g	约 53m	10 色
11	Café 星点	腈纶 50%	除指定以外均为纤维（黄麻）30%	尼龙 20%	钩针 6/0~7/0 号	每卷 25g	约 47m	9 色

10　花朵休闲手提包 B

图片…P25

准备材料

编织线…Marchen Art Jute Ramie/本白色：
约280m（4.5团），Hemp Twine 细线/ 原
色、蓝色：各约60m（3团），浅松石绿：
约20m（1团）
针…钩针8/0号（侧面、提手），5/0号
（花朵、叶子）

成品尺寸

参照图

钩织方法与顺序

1. 按照P26作品**9**的方法钩织主体。
2. 用指定的配色线钩织16块花朵花样。
3. 参照图示，用缂针将花朵花样缝到2个
侧面，再用拆分线缝到指定位置。

※按照图示方法，用同色的拆分线将花朵的中心缝到侧面的第9
行与第13行，参照右图，缝好花朵花瓣。

花朵 16块
Hemp Twine・细线

▯ =花瓣缝到侧面的位置

※钩织第4行时，将锁针6针的里山挑起，钩织 ╳ ┰ ┱

╳ （第3行）=将第2行短针的针脚（内侧横线）
挑起，织入短针

（第4行）=将第2行短针的针脚（剩余的外侧
横线）挑起，钩织花朵花瓣

花朵a、b的配色和块数表

花朵	第1行	第2、3行	第4行	块数
a	浅松石绿	蓝色	原色	8
b	浅松石绿	原色	蓝色	8

重点课程

拆分线

1 用针尖拆开线。

2 分出必要的股数，穿入针中。

缝合花样的要点

1 从侧面缝花样的位置（内侧）
穿出线，再从内侧挑起针脚，注
意不要影响到花样的正面，再穿
回手提包的主体中。

2 用同样的方法，找到下面一个
拼接花样的位置，从手提包主体
的反面穿出线，然后按照步骤 的
要领缝好。

2 方形休闲手提包 B

图片…P9

准备材料

编织线…Marchen Art Jute Ramie/紫罗兰：约120m（3团），白色：约130m（2团）
针…钩针7/0号（侧面翻折部分）·8/0号（底面、侧面、提手）

成品尺寸

参照图

钩织方法与顺序

1. 用8/0号钩针钩织底面，织入25针锁针起针，再用短针无加减针钩织17行。
2. 侧面部分在底面的4个边角处加针，挑82针，然后用短针无加减针钩织22行，用短针的棱针钩织8行，分别用指定的配色线钩织成圆环。
3. 接着用7/0号钩针钩织翻折部分，织入5行短针的条针，然后沿折山翻折到内侧，缝好。
4. 用8/0号钩针钩织2根提手，再织入5行短针，对折后用引拔接缝的方法处理，缝到两侧面的内侧。

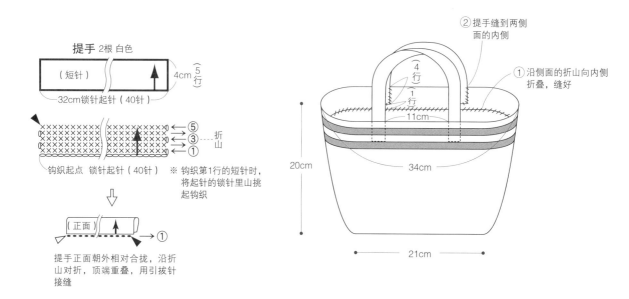

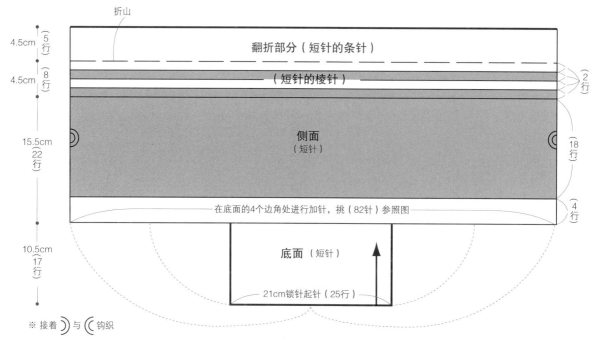

50

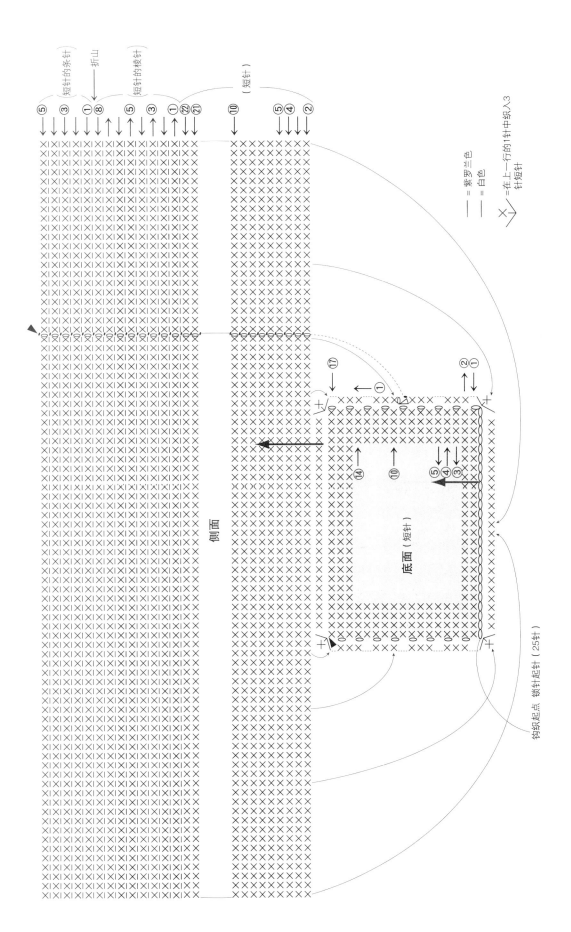

侧面

底面（短针）

钩织起点 锁针起针（25针）

短针的条针
折山
短针的棱针
（短针）

⑤ ③ ① ⑧ ⑤ ③ ① ㉒ ㉑ ⑩ ⑤ ④ ②

⑰ ① ② ①

⑭ ⑩ ⑤ ④ ③

＝＝紫罗兰色
＝＝白色

＝在上一行的1针中织入3针短针

51

6 折叠手提包 B

图片…P17

准备材料

编织线…Daruma 手工编织线 Organic
Café 亚麻/米褐色；105g

针…钩针4/0号

其他…椰壳扣/两孔：直径2cm 2颗

成品尺寸

参照图

钩织方法与顺序

1. 底面钩织44针锁针起针，参照图，用短针钩织成长方形。

2. 从底面的4条边挑针，用短针钩织侧面10行，再织入23行花样钩织，形成圆环。

3. 先钩织1行短针，暂时停下针脚，在两侧面织入锁针70针的提手。按照记号图接着之前停下的针脚继续钩织。

4. 接入新线，钩织包盖，织入1行花边。

5. 用一把针钩织提手的内侧，前侧侧面钩织1周，后侧侧面参照下图钩织。

6. 参照包盖纽扣的拼接位置，装饰纽扣缝到正面，高脚纽扣缝到反面。

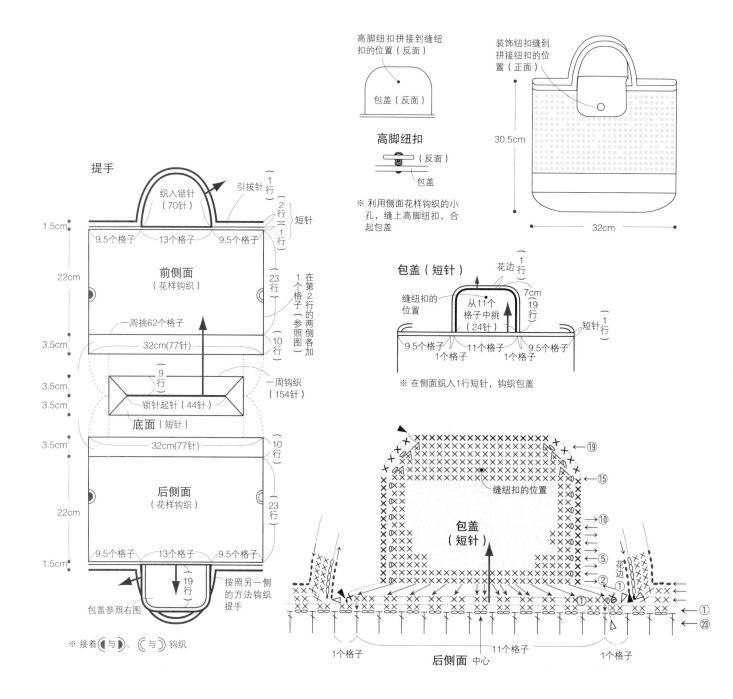

52

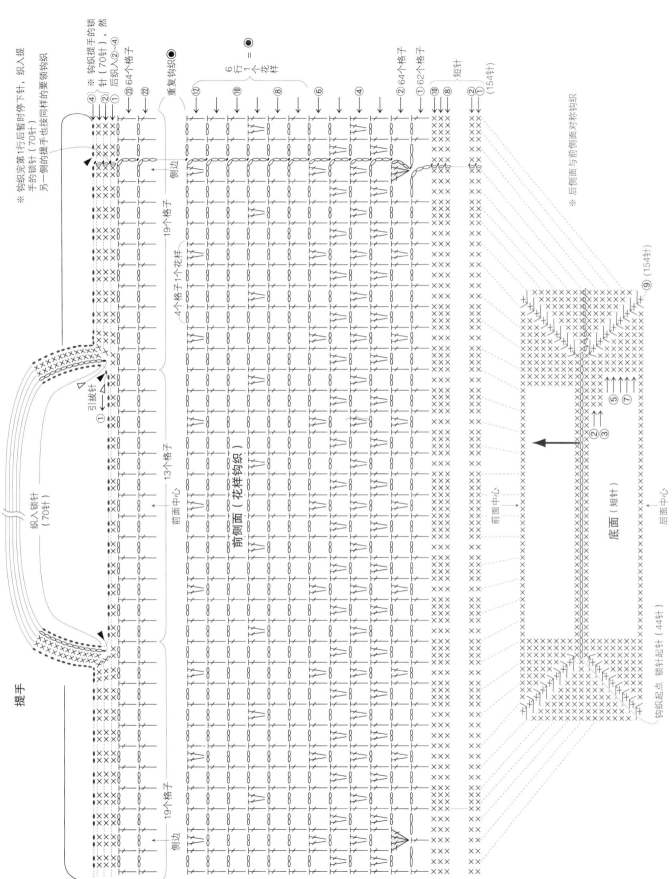

提手

※钩织完第1行后暂时停下针，织入提手的锁针（70针）
另一侧的提手也按同样的要领钩织

※钩织提手的锁针（70针），然
后织入（2）~（4）

（4）
（2）
（1）

④ ※钩织提手的锁针（70针）
② 后织64个格子
22

重复钩织●

⑫
⑩
⑧
⑥
④
②64个格子
①62个格子
⑩
⑧

短针

②
①
（154针）

6行1个花样

19个格子

4个格子1个花样

13个格子

前面中心↓

前侧面（花样钩织）

引拔针
△
①←
织入锁针
（70针）

侧边↓

前侧面与前侧面对称钩织

⑨（154针）

⑤
⑦

②
③

前面中心→

底面（短针）

后面中心↓

钩织起点
锁针起针（44针）

19个格子

侧边↓

前面中心↓

53

14 风琴式手提包B

图片…P33
重点教程…P5

准备材料
编织线…HAMANAKA Flux K/藏蓝色：200g
针…钩针5/0号
其他…金属线绳/银色：宽0.6cm　长160cm

成品尺寸
参照图

钩织方法与顺序
1 底面用线头制作圆环，织入10针短针，参照针数表的同时进行加针，织入41行短针。
2 接着无加减针用短针织入29行侧面，然后再进行3行花样钩织。
3 参照侧面花样钩织的第1行图，穿入提手（2股线的金属线绳），打固定结。拆开线绳的顶端，制作成流苏。

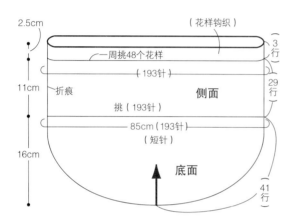

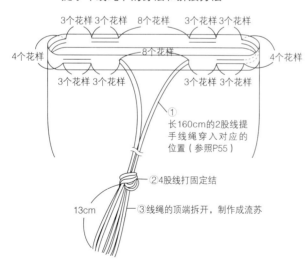

提手（线绳）的穿法和拼接方法

① 长160cm的2股线提手线绳穿入对应的位置（参照P55）
② 4股线打固定结
③ 线绳的顶端拆开，制作成流苏

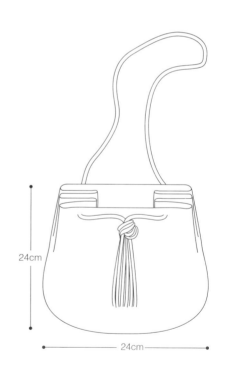

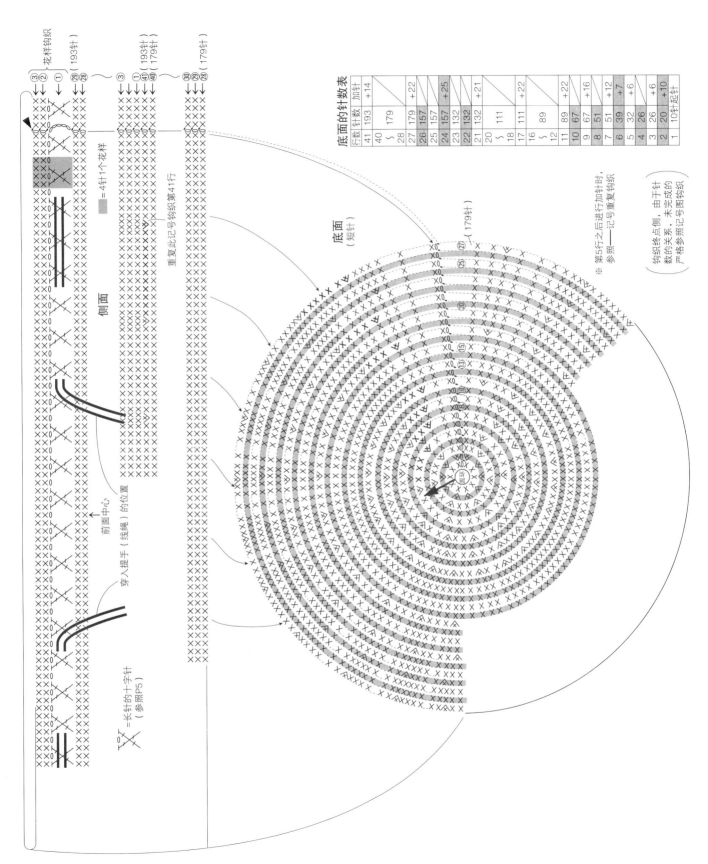

底面的针数表

行数	针数	加针
41	193	+14
40 ～ 28	179	
27	179	+22
26	157	
25	157	+25
24	157	
23	132	+21
22	132	
21	132	+21
20 ～ 18	111	
17	111	+22
16 ～ 12	89	
11	89	+22
10	67	+16
9	67	
8	51	+12
7	51	
6	39	+7
5	32	+6
4	26	
3	26	+6
2	20	+10
1	10针	起针

花样钩织

（193针）

（193针）（179针）

（179针）

侧面

■ =4针1个花样

重复此记号钩织第41行

底面（短针）

（179针）

前面中心

穿入提手（绳绳）的位置

=长针的十字针（参照P5）

圆环

※第5行之后进行加针时，参照记号数的关系，严格参照记号图钩织（钩织终点侧，由于针数的关系，未完成图钩织）

18 口金手提包 B

图片…P41

准备材料

编织线…HAMANAKA 亚麻线《Linen》/
米褐色：25g，茶色：20g，黑色：15g
针…钩针5/0号
其他…HAMANAKA 手提包用口金/复古：横向12.5cm×纵向7cm 1对

成品尺寸

参照图

钩织方法与顺序

1. 侧面部分用线头制作圆环，交替钩织短针和锁针，各织入4针，然后钩织14行四边形花样，接入新线后钩织包口侧部分（箭头②）的10行。

2. 在花样的两侧和底面的三条边织入5行侧边。

3. 按照步骤1、2的方法，再钩织1块侧面。

4. 2块织片的反面与反面相对合拢重叠，侧面顶端采用挑针接缝的方法处理。

5. 包口侧织入一圈短针，之后插入口金，用半针回针缝的方法缝好。

6. 用螺纹针钩织提手，参照提手的拼接方法，从口金圆环中穿过，缝好。

侧面（花样钩织·条纹）2块

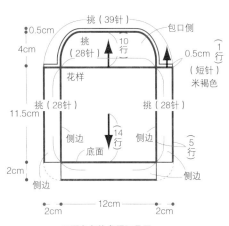

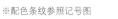

※配色条纹参照记号图

拼接方法

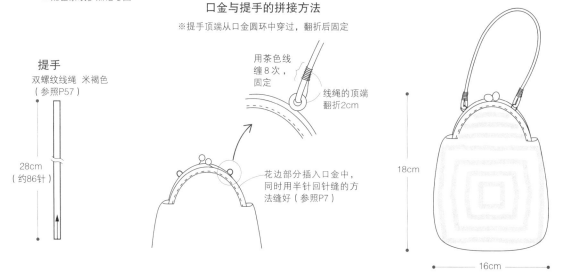

提手

双螺纹线绳 米褐色
（参照P57）

28cm
（约86针）

口金与提手的拼接方法

※提手顶端从口金圆环中穿过，翻折后固定

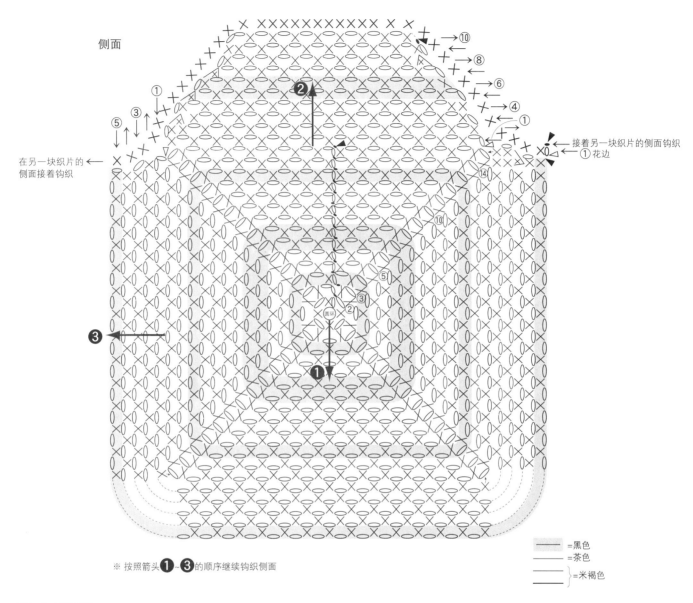

侧面

在另一块织片的
侧面接着钩织

接着另一块织片的侧面钩织
①花边

※ 按照箭头❶~❸的顺序继续钩织侧面

=黑色
=茶色
=米褐色

重点课程

双螺纹线绳

1 按照最初起针的方法（参照P60）起针，留出长约织片长度3倍的线头（★），挂到钩针上。

2 挂线后按照箭头所示一次性引拔钩织。引拔钩织完成后如图a所示。

3 线头（★）挂到钩针上，按照箭头所示挂线，一次性引拔钩织。

4 之后重复步骤3，继续钩织。

20 皮革提手手提包 B

图片…P45

准备材料

编织线…HAMANAKA 亚麻线《Linen》/
茶色：90g，米褐色：45g

针…钩针5/0号

其他…HAMANAKA 真皮提手/驼色：宽
1cm 约50cm 1对

成品尺寸
参照图

钩织方法与顺序

1. 底面用茶色线钩织，方法与P46的作品
*19*相同。

2. 参照下图钩织侧面，用2色配色线条纹
钩织。条纹换线的方法参照P46的重点教
程，渡线插入织片中，无需将线剪断，继
续钩织。

3. 提手也按作品*19*的方法，在侧面的外侧
钩织。

11cm 3cm
27.5cm
22.5cm
用茶色线
固定提手
17cm

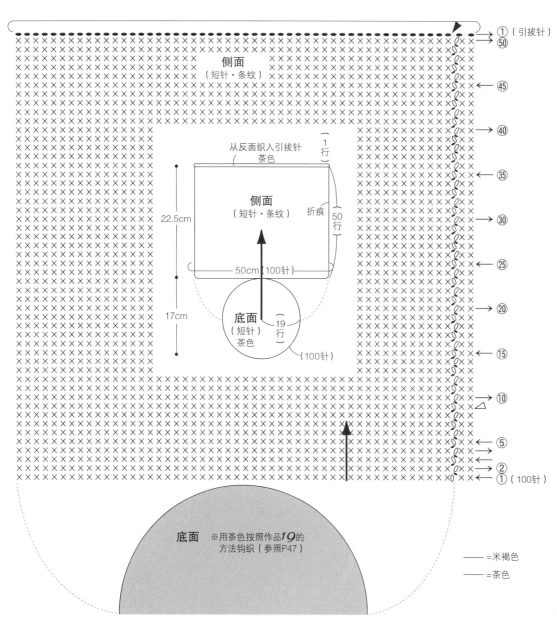

① (引拔针)
50

侧面
(短针·条纹)

45

40

35

从反面织入引拔针
茶色

(1行)

30

侧面
(短针·条纹)

折痕

50行

25

22.5cm

50cm (100针)

20

17cm

底面
(短针
茶色)

19行

15

(100针)

10

5

2

① (100针)

底面 ※用茶色按照作品*19*的
方法钩织（参照P47）

— =米褐色
— =茶色

58

11 迷你休闲手提包 A

图片…P28

准备材料

编织线…Daruma 手工编织线 Café
Hemp麻线/ 芥末色: 170g
针…钩针5/0号

成品尺寸
参照图

钩织方法与顺序

※参照P30，按照作品12的方法钩织。但
需要参照下图，在两侧面的第26行织入装
饰带。

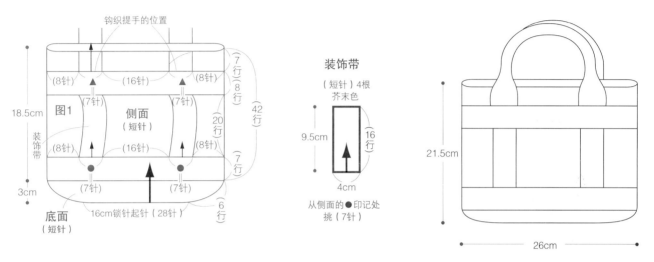

装饰带的钩织方法

① 参照P31的图片钩织底面（6行）与侧面的第26行，暂时停下线。
② 参照下图，从侧面第7行的●印记（7针）处挑针，在第16行、两个侧面的4个位置钩织装饰带
③ 在之前停下的侧面第27行处钩织时，需将侧面与装饰带重叠后再钩织
④ 从第28行开始，按照P30作品12的方法，无加减针钩织第42行

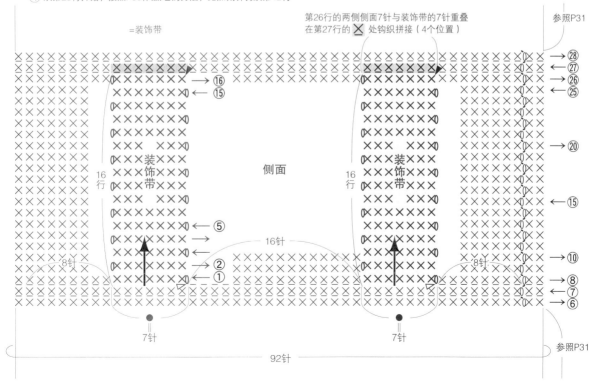

钩针钩织的基础

记号图的看法

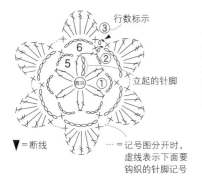

行数标示

立起的针脚

▼=断线

...=记号图分开时，虚线表示下面要钩织的针脚记号

从中心开始钩织圆环时

在中心编织圆圈（或是锁针），像画圆一样逐行钩织。在每行的起针处都进行立起钩织。通常情况下都面对编织物的正面，从右到左看记号图进行钩织。

▼=断线　▽=接线

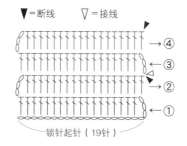

锁针起针（19针）

平针钩织时

特点是左右两边都有立锁针，当右侧出现立起的锁针时，将织片的正面置于内侧，从右到左参照记号图钩织。当左侧出现立锁针时，将织片的反面置于内侧，从左到右看记号图进行钩织。图中所示的是在第3行更换配色线的记号图。

线和针的拿法

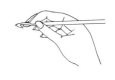

1　将线从左手的小指和无名指间穿过，绕过食指，线头拉到内侧。

2　用拇指和中指捏住线头，食指挑起，将线拉紧。

3　用拇指和食指握住针，中指轻放到针头。

最初起针的方法

1　针从线的外侧插入，调转针头。

2　然后再在针尖挂线。

3　钩针从圆环中穿过，再在内侧引拔穿出线圈。

4　拉动线头，收紧针脚，最初的起针完成（这针并不算做第1针）。

锁针的看法

正面

反面

里山

锁针有正反之分。
反面中央的一根线称为锁针的"里山"。

起针

从中心开始钩织圆环时（用线头制作圆环）

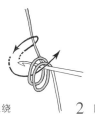

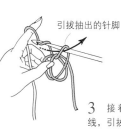

1　线在左手食指上绕2圈，形成圆环。

2　圆环从手指上取出，钩针插入圆环中，挂线后从内侧引拔抽出。

引拔抽出的针脚

3　接着再在针上挂线，引拔抽出，钩织1针立起的锁针。

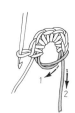

4　钩织第1行时，将钩针插入圆环中，织入必要数目的短针。

5　暂时取出钩针，拉动最初圆环的线和线头，收紧线圈。

6　第1行末尾时，钩针插入最初短针的头针中引拔钩织。

从中心开始钩织圆环时（用锁针做圆环）

1　织入必要数目的锁针，然后把钩针插入最初锁针的半针中引拔钩织。

2　针尖挂线后引拔抽出，钩织立起的锁针。

3　钩织第1行时，将钩针插入圆环中心，然后将锁针成束挑起，再织入必要数目的短针。

4　第1行末尾时，钩针插入最初短针的头针中，挂线后引拔钩织。

平针钩织时

立起的1针锁针

1　织入必要数目的锁针和立起的锁针，在从头数的第2针锁针中插入钩针。

2　针尖挂线后再引拔抽出。

3　第1行钩织完成后如图（立起的1针锁针不算做1针）。

将上一行针脚挑起的方法

在同一针脚中钩织

1　　　　2

将锁针成束挑起后钩织

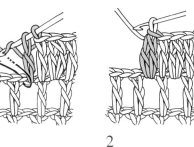

1　　　　2

即便是同样的枣形针，根据不同的记号图挑针的方法也不相同。记号图的下方封闭时表示在上一行的同一针中钩织，记号图的下方开合时表示将上一行的锁针成束挑起钩织。

针法符号

锁针

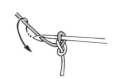   

1 钩织最初的针脚，针上挂线。

2 引拔抽出挂在针上的线。

3 按照步骤1、2的方法重复钩织。

4 钩织完5针锁针。

引拔针

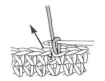   

1 钩针插入上一行的针脚中。

2 针尖挂线。

3 一次性引拔抽出线。

4 完成1针引拔针。

短针

  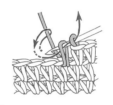 

1 钩针插入上一行的针脚中。

2 针尖挂线，从内侧引拔穿过线圈。

3 再次在针尖挂线，一次性引拔穿过2个线圈。

4 完成1针短针。

中长针

1 针尖挂线后，钩针插入上一行的针脚中挑起钩织。

2 再次在针尖挂线，从内侧引拔穿过线圈。

3 针尖挂线，一次性引拔穿过3个线圈。

4 完成1针中长针。

长针

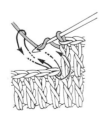   

1 针尖挂线后，钩针插入上一行的针脚中。然后再在针尖挂线，从内侧引拔穿过线圈。

2 按照箭头所示方向，引拔穿过2个线圈。

3 再次在针尖挂线，按照箭头所示方向，引拔穿过剩下的2个线圈。

4 完成1针长针。

针法符号

短针2针并1针

1 按照箭头所示,将钩针插入上一行的1个针脚中,引拔穿过线圈。

2 下一针也按同样的方法引拔穿过线圈。

3 针尖挂线,引拔穿过3个线圈。

4 短针2针并1针完成(比上一行少1针)。

短针1针分2针

1 钩织1针短针。

2 钩针插入同一针脚中,从内侧引拔抽出线圈。

3 针尖挂线,引拔穿过2个线圈。

4 上一行的1个针脚中织入了2针短针,比上一行多1针。

短针1针分3针

1 钩织1针短针。

2 再在同一针脚中织入1针短针。

3 1个针脚中织入2针短针后如图。同一针脚中再织入1针短针。

4 1个针脚中织入了3针短针。比上一行多2针。

长针2针并1针

  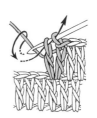 

1 在上一行的针脚中钩织1针未完成的长针,然后按照箭头所示,将钩针插入下一针脚中,再引拔抽出线。

2 针尖挂线,引拔穿过2个线圈,钩织出第2针未完成的长针。

3 再次在针尖挂线,一次性引拔穿过3个线圈。

4 长针2针并1针完成。比上一行少1针。

长针5针的爆米花针

1 在上一行的同一针脚中织入5针长针,然后暂时取出钩针,再按箭头所示重新插入。

2 按照箭头所示从内侧引拔钩织的针脚。

3 然后再钩织1针锁针,拉紧。

4 长针5针的爆米花针完成。

针法符号

短针的棱针

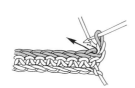

1 按照箭头所示，将钩针插入上一行针脚的外侧半针中。

2 织入短针。钩织下一针时，按照同样的方法，将钩针插入外侧的半针中。

3 钩织至顶端，变换翻转织片的方向。

4 按照步骤1、步骤2的方法，将钩针插入外侧的半针中，织入短针。

短针的条针

1 看着每行的正面钩织。钩织一圈短针后在最初的针脚中引拔钩织。

2 钩织1针立起的锁针，然后将上一行的外侧半针挑起，织入短针。

3 按照步骤2的要领重复钩织，继续钩织短针。

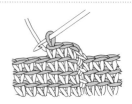

4 上一行的内侧半针留出条纹状的针脚。钩织完第3行短针的条针后如图。

长针的正拉针

参照P4重点教程

1 针尖挂线，按照箭头所示，从正面将钩针插入上一行长针的尾针中。

2 针尖挂线，拉长线后引拔抽出。

3 再次挂线，引拔穿过2个线圈，同样的动作再重复1次。

4 完成1针长针的正拉针。

其他基础索引

∫ =中长针的正拉针…P4

✕ =长针的十字针…P5

配色线的替换方法…P6

挑针订缝…P7

挑针接缝…P7

线头的处理（平针钩织时）…P7

线头的处理（圆环钩织时）…P7

口金的拼接方法…P7

卷针缝合…P30

コ字型缝合…P34

将渡线藏到织片中的方法…P46

缝合花样的要点…P49

拆分线…P49

双螺纹线绳…P57

钩针日制针号换算表

日制针号	钩针直径	日制针号	钩针直径
2 / 0	2.0mm	8 / 0	5.0mm
3 / 0	2.3mm	10 / 0	6.0mm
4 / 0	2.5mm	0	1.75mm
5 / 0	3.0mm	2	1.50mm
6 / 0	3.5mm	4	1.25mm
7 / 0	4.0mm	6	1.00mm
7.5 / 0	4.5mm	8	0.90mm